目　次

前　　言

本规范按照 GB/T 1.1—2020《标准化工作导则　第1部分：标准化文件的结构和起草规则》的规定起草。

本规范的附录 A、B、C 为规范性附录，附录 D 为资料性附录。

本规范由中国地质灾害防治与生态修复协会提出并归口。

本规范主要起草单位：长安大学、机械工业勘察设计研究院有限公司、中铁第一勘察设计院集团有限公司、中铁西安勘察设计院有限责任公司、西安市政设计研究院有限公司、陕西工程勘察研究院有限公司。

本规范主要起草人：黄强兵、彭建兵、胡志平、张继文、雷永生、卢全中、白朝能、李峰、李稳哲、刘妮娜、刘聪、李林英、徐强、蔡怀恩、邓军涛、王雷、康孝森、苟玉轩。

本规范由中国地质灾害防治与生态修复协会负责解释。

引　　言

本规范旨在规范地裂缝地质灾害防治工程设计工作，提高地裂缝地质灾害的防治水平，保证防治工作安全适用、技术先进和经济合理。

本规范共分八章，包括范围、规范性引用文件、术语和定义、总则、工业与民用建筑工程、铁路与公路工程、城市轨道交通工程及管道(廊)工程。地裂缝防治工程设计除应符合本规范的规定外，还应符合国家现行的有关强制性标准、规范的规定。

地裂缝防治工程设计规范(试行)

1 范围

本规范规定了在地裂缝场地进行工业与民用建筑工程、铁路与公路工程、城市轨道交通工程及管道(廊)工程设计的技术工作方法和要求。

本规范适用于构造地裂缝和由地下流体开采诱发的地裂缝场地地表及地下工程建(构)筑物的防治工程设计。对成因不明或较复杂的地裂缝场地的工程设计,可参照本规范执行。

2 规范性引用文件

下列文件中的内容通过文中的规范性引用而构成本规范必不可少的条款。其中,注日期的引用文件,仅该日期对应的版本适用于本规范;不注日期的引用文件,其最新版本(包括所有的修改单)适用于本规范。

GB 50090—2006　铁路线路设计规范

GB 50490—2009　城市轨道交通技术规范

GB 50157—2013　地铁设计规范

GB 50011—2010　建筑抗震设计规范

GB 55002—2021　建筑与市政工程抗震通用规范

GB 55017—2021　工程勘察通用规范

GB 50838—2015　城市综合管廊工程技术规范

TB 10002—2017　铁路桥涵设计规范

TB 10003—2016　铁路隧道设计规范

JTG D60—2015　公路桥涵设计通用规范

JTG 3370.1—2018 公路隧道设计规范 第一册 土建工程

TB 10098—2017　铁路线路设计规范

TB 10621—2014　高速铁路设计规范

GB 50021—2001　岩土工程勘察规范

GB/T 40112—2021　地质灾害危险性评估规范

DBJ 61/T 182—2021　西安地裂缝场地勘察与工程设计规程

T/CAGHP 002—2018　地质灾害防治基本术语(试行)

T/CAGHP 001—2018　地质灾害分类分级标准(试行)

T/CAGHP 008—2018　地裂缝地质灾害监测规范(试行)

T/CAGHP 025—2018　场地地质灾害危险性评估技术要求(试行)

JTG B01—2014　公路工程技术标准

TSG 07—2019　特种设备生产和充装单位许可规则

3 术语和定义

3.1

地裂缝 ground fissure

由于自然或人为因素作用,地表岩土体开裂,在地面形成的具有一定规模和分布规律的裂缝,如断层活动(蠕滑或地震)或过量抽取地下水造成的区域性地面开裂。

3.2

构造地裂缝 tectonic ground fissure

由下伏构造(多为断层)控制,并造成地表开裂的地裂缝。

3.3

隐伏地裂缝 hidden ground fissure,buried ground fissure

在地表没有明显出露,隐藏于近地表土体中的地裂缝。

3.4

上盘 hanging wall

下盘 footwall

地裂缝破裂面的上覆一侧或相对下降盘为上盘,地裂缝破裂面的下伏一侧或相对上升盘为下盘。

3.5

倾向 dip

倾角 dip angle

走向 strike

地裂缝破裂面的倾斜方向为倾向,地裂缝破裂面与地面相交的锐角为倾角,地裂缝在地表的延伸方向为走向。

3.6

主地裂缝 main ground fissure

在地裂缝带中,延伸长度和活动程度最大的地裂缝。

3.7

次级地裂缝 secondary ground fissure

与主地裂缝伴生,位于主地裂缝附近,产状与主地裂缝相近,规模相对较小的地裂缝。

3.8

地裂缝场地 site of ground fissure

发育地裂缝或可能发育地裂缝的场地。

3.9

勘探标志层 symbolic layer for investigation

勘探时能判定地裂缝是否存在及其位置的地层。

3.10

勘探精度修正值 correction for investigation deviation

由勘探标志层的埋深和采用的勘探方法决定的地裂缝地表位置可能存在的偏差。

3.11

避让距离 required secure distance

建(构)筑物基础底面靠地裂缝侧外沿至地裂缝应避让的最近水平距离。

3.12

地裂缝影响范围 influenced zone of ground fissure

地裂缝活动导致地层应力位移场异常及地表破裂区范围。

3.13

地裂缝主变形区 strong deformation zone of ground fissure

位于地裂缝两侧,地表变形明显或次级破裂发育的区域。

3.14

地裂缝微变形区 weak deformation zone of ground fissure

位于地裂缝主变形区两侧的地裂缝影响区内,地表变形相对较弱及次级破裂不发育的区域。

3.15

设防长度 longitudinal treatment length

各类线性工程包括公路、铁路、城市轨道交通以及管道(廊)工程等穿越地裂缝时,应采取防患措施处理的长度或范围。

4 总则

4.1 地裂缝防治工程设计应综合考虑地裂缝产生的地质背景、形成原因等因素,在地裂缝勘查评价的基础上制定合理的防治设计方案,并精心组织和实施。

4.2 在地裂缝场地进行工程建设,应根据地裂缝的特征和工程重要性,采取以避让为主的综合措施,防止地裂缝活动可能产生的危害。对于无法避让的线性工程,如公路、铁路、城市轨道交通以及管道(廊)等工程,线路走向应尽量与地裂缝正交或大角度相交,避免小角度相交,并采取相应的应对措施。

4.3 建设场地或场地附近有地裂缝通过时,工程设计前除应进行岩土工程勘察外,还应进行专门的场地地裂缝勘察。

4.4 根据工程规模、工程重要性以及地裂缝活动可能造成的工程损坏或影响正常使用的程度,设计中应考虑建设在地裂缝场地的工程的重要性类别,进行有效设防。工程的重要性分类见附录 A。

4.5 建设在地裂缝场地的工业与民用建(构)筑物、公路、铁路及城市轨道交通等的附属设施应根据其重要性类别、结构形式和地裂缝的活动性质合理确定避让距离。

4.6 地裂缝场地建(构)筑物的抗震设计,抗震设防烈度应按照《建筑抗震设计规范》(GB 50011—2010)、《建筑与市政工程抗震通用规范》(GB 55002—2021)执行。

4.7 在有可能产生地裂缝或地面沉降的区域内,应严格控制承压水的开采,禁止违规凿井。

4.8 跨越地裂缝的建(构)筑物、桥梁、隧道等,应在地裂缝勘查并确定地裂缝活动等级的基础上进行必要的地裂缝活动监测与结构变形监测。

5 工业与民用建筑工程

5.1 总平面布置

5.1.1 地裂缝场地的工业与民用建(构)筑物应根据地裂缝影响区(包括主变形区和微变形区)范围

大小进行有效避让。

5.1.2　在地裂缝影响区的建(构)筑物,应采取相应措施合理安排其展布方向及规模:

a) 须跨地裂缝或与其成大角度相交的建(构)筑物,应采用小单元,单元之间采用松散连接。建(构)筑物的长边应尽量与地裂缝走向垂直。

b) 必须在影响区内建多层民用建(构)筑物时,除控制其规模外,还应使其长边平行于地裂缝走向,且尽量缩短其横向尺寸。

c) 影响区内建(构)筑物应尽量避开地裂缝走向上的转折点和地表破裂延伸部位。

5.1.3　总平面设计应妥善处理雨、污水排水系统,场地排水不得排进地裂缝。

5.1.4　根据建(构)筑物的重要性分类,建(构)筑物基础底面外沿(桩基时为桩端外沿)至地裂缝的最小避让距离,应符合表1的规定。各类建(构)筑物的重要性分类见附表A.1。

表1　建(构)筑物最小避让距离

单位:m

建(构)筑物类别	下盘	上盘
特殊类	$16+\Delta_k$	$24+\Delta_k$
一类	$12+\Delta_k$	$18+\Delta_k$
二类	$8+\Delta_k$	$12+\Delta_k$
三类	$4+\Delta_k$	$6+\Delta_k$
四类	可以不避让地裂缝布置	

注:建(构)筑物基础的任何部分都不能进入地裂缝破碎带(上盘 $6+\Delta_k$、下盘 $4+\Delta_k$,Δ_k 为勘探精度修正值)。

5.1.5　构造地裂缝场地的建筑工程设计,应采取下列措施减小地裂缝的影响:

a) 建筑避让。应根据建(构)筑物的重要性类别、结构形式和地裂缝的活动性质合理确定避让距离。

b) 工程设防。对主地裂缝外侧的次级地裂缝及影响范围应划定设防宽度。凡在此范围修建的工业与民用建(构)筑物,均需对地基和基础作特殊加固,或采取提高建筑设计标准的措施。

c) 减灾工程。当跨主地裂缝的楼房等建(构)筑物发生破损时,应采取拆除局部、保留两侧尚未受损楼体的措施,其被拆除宽度,依具体情况确定为主裂缝破坏宽度1.2～1.5倍为宜,上、下盘拆除宽度比保持在3∶2或2∶1为宜。

d) 抗剪梁加固。对于靠近地裂缝但尚未遭受地裂缝破坏的建(构)筑物,或者仅边缘受到地裂缝破坏的建(构)筑物,宜采用此法。

5.1.6　非构造地裂缝场地的建筑工程设计,应采取下列措施减小地裂缝的影响:

a) 处理不良地基。

b) 对于湿陷性黄土地基,宜采用局部浸水法。

c) 对于有较稳定走向的非构造地裂缝,也可采用防治构造地裂缝的方法。

5.1.7　地裂缝影响区内已有建(构)筑物应采取相应的措施减小地裂缝的影响:

a) 对于直接跨越地裂缝的建(构)筑物,当其长轴与地裂缝走向接近正交时,宜采取拆除局部、保留整体的原则;对于只有小部分被地裂缝切割的建(构)筑物,其变形破坏不明显时,宜采取加固的方法;对于被地裂缝切割的建(构)筑物,其变形破坏比较明显时,应以地裂缝为分离界线,分成两个以上加固个体;对于需要部分拆除的建(构)筑物,应将其拆除到安全距离内。

b) 对于未跨地裂缝带,但处于地裂缝影响区内,已经有开裂迹象的建(构)筑物,原则上应局部拆除。

c) 对于地裂缝两侧影响区内尚未有开裂迹象的建(构)筑物,应采取必要的加固措施。

5.2 基础结构设计

5.2.1 在地裂缝场地,同一建(构)筑物的基础不得跨越地裂缝布置。采用特殊结构跨越地裂缝的建(构)筑物,应进行专门研究。

5.2.2 在地裂缝影响区内的建(构)筑物,应增加其结构的整体刚度与强度,体型应简单。体型复杂时,应设置沉降缝,将建筑物分成几个体型简单的独立单元,单元长高比不宜大于2.5。

5.2.3 在地裂缝影响区内的砌体建(构)筑物,应在每层楼盖和屋盖处及基础设置钢筋混凝土现浇圈梁,门窗洞口应采用钢筋混凝土过梁。

5.2.4 在地裂缝影响区内的建(构)筑物宜采用钢筋混凝土双向条形基础、筏板基础或箱形基础等整体刚度较大的基础类型。

5.2.5 对于已跨地裂缝或建在地裂缝影响区内且地裂缝活动影响其安全的古建(构)筑物和不宜拆除的重要建(构)筑物,宜采用基础灌浆托换法或基础压密灌浆法等强化基础的措施改善基础环境。

5.3 地基处理措施

5.3.1 地裂缝场地的建(构)筑物地基,应采用下列地基处理方法减小地裂缝的影响:

a) 对于建筑地基中的膨胀土、软土、杂填土等,宜采用换填等方法进行处理,或采用加深基础穿透进行处理。

b) 对于建筑地基中的湿陷性黄土,宜采用灰土(水泥土)挤密桩、强夯、灰土(水泥土)垫层、灌浆加固等方法进行处理。

c) 对于厚度、面积较大的软土层(如海淤层),宜采用强夯挤淤置换、排水固结、爆炸挤淤填石、爆炸夯实以及增强复合地基等方法处理。

d) 在地裂缝影响区内,不得采用耗水量较大的地基处理方法。

5.3.2 在地裂缝影响区内的建(构)筑物应采取如下措施,使其基础和上部结构构成一个足够强的抗张抗剪整体:

a) 对于影响区内的框架结构,其基础以双向肋梁式条形基础为宜。如果兼顾处理湿陷性而使用灰土地基,则可考虑肋梁式筏板基础。

b) 对于一般普通民用砌体结构,可采用独立基础或单向条形基础,且在各层楼盖和基础顶面处设置钢筋混凝土圈梁。

c) 对于超高层和重要建(构)筑物宜使用箱形基础、筏板基础。

5.3.3 对于地裂缝影响区内的建(构)筑物,应加大基础脱空的监测力度,及时充填基础脱空区。

5.3.4 对于受地裂缝影响而倾斜的建(构)筑物,宜采用地基托换措施进行建筑物的纠偏。

5.3.5 通过勘查评价确定不活动的地裂缝场地,跨地裂缝的建(构)筑物地基可根据《岩土工程勘察规范》(GB 50021—2001)第5.8.6条规定按不均匀地基处理。

6 铁路与公路工程

6.1 一般规定

6.1.1 铁路、公路工程穿越地裂缝发育区时，应结合该类线性工程的特点、重要性和防治难度确定其危险性。在地裂缝影响范围内，应根据铁路、公路工程的重要性类别采取相应的结构加强措施进行设防，其设防长度宜根据地裂缝的分级和地裂缝影响带宽度确定。

6.1.2 对于活动性较强烈的地裂缝场地，如公路、铁路尤其是高速铁路，宜采用路基通过；对于活动性微弱或隐伏、不活动的地裂缝场地，可采用桥梁跨越。

6.1.3 对于由活动断裂带引起的地裂缝密集区，铁路、公路工程应优先选择线路绕避，其绕避距离应以活动断裂带的避让距离为宜。

6.1.4 铁路、公路(含城市道路)工程场地及附近存在地裂缝时，应进行场地地裂缝勘察，查明地裂缝的位置、产状和活动性，并采取以下相应的设防措施：

a) 当桥梁长度方向与地裂缝走向重合时，应适当调整铁路、公路或道路的线位，宜布设于相对稳定的下盘。

b) 桥墩基础的避让距离，单孔跨径大、中、小桥可按三类建(构)筑物的避让距离确定，单孔跨径特大桥可按二类建(构)筑物的避让距离确定。

6.1.5 铁路、公路采用路基跨越地裂缝时，应进行场地地裂缝勘察，查明地裂缝的位置、产状和活动性，定期监测地裂缝的活动，及时调整线路坡度。

6.1.6 在地裂缝场地，铁路及公路工程的车站、加油站等附属建(构)筑物的最小避让距离可根据该类工程的重要性分类参照表 1 执行。

6.2 路基处理措施

6.2.1 对于地裂缝影响范围内的道路工程，改整体铺设为预制块体铺设，并应定期检查，随时封堵路面破裂口。对于路面落差较大的地裂缝处，应加大修补范围，变台阶式落差为缓坡式过渡。对于路面平整度要求较高的高等级公路和桥梁，还应作特殊工程处理。

6.2.2 在公路通过地裂缝的地段，应根据地裂缝的发育特征、活动特征和成因，地裂缝(带)内土的变形特征，地裂缝带路面的变形破坏特征及公路等级等因素，综合采取相应防治措施进行设计。

a) 绕避措施。根据地裂缝分布位置和走向，选线时应尽量避开地裂缝。无法避开时，应调整线路，使公路绕行到地裂缝活动弱的地段并大角度通过地裂缝。

b) 适应措施。对于地裂缝活动性强、公路等级较高的地裂缝地段，可采用简支桥梁形式跨越地裂缝，将所有支座改为可调支座，在墩台顶预留千斤顶位置，并使墩台置于地裂缝影响范围之外。若考虑后期桥梁维护、调整，宜采用钢箱梁结构。对于公路等级较低或地裂缝活动性弱的地段，应对路基进行压密加固和防水处理后，加填碎石垫层等柔性材料。路基加固可采用强夯、灰土挤密或旋喷桩等方法。碎石垫层与下面的加固路基和上面的路面层应设 3 道防水层(包括止水带、柔性防水层和混凝土防水垫层或保护层)；垫层和保护层均应进行柔化处理，加设钢丝网片或钢筋网片。当地裂缝可能产生较大的垂直位错和剪切破坏时，应在地裂缝位置的路面层下增加钢筋混凝土加固层。

c) 减缓措施。在进行裂缝带处理时，宜通过换填均匀性密实土或采用注浆的方法提高地裂缝(带)内土的强度(特别是裂隙的强度)和均匀性。地裂缝地段应采取有效的排防水措施或路基处理措施。对于碎石垫层等柔性路基,应采用高填路堤,避免采用开挖换填措施。

6.2.3 对于地裂缝活动引起的路面裂缝,应采取下列防治设计:

a) 人工路面临时处理。根据地裂缝走向与道路的相对方位关系,针对不同类型路面裂缝,采取适当应对措施,对出现的路面裂缝进行修补。此法宜用于临时性应急处理。

b) 强化路基处理。根据地裂缝剖面特征及活动规律,对出现地裂缝的路面段地基应进行适当的强化处理,如加厚路面地基垫层,在路面上一定长度方位内敷设一定厚度的钢筋混凝土板。

c) 路面裂缝人工连接处理。在处理路面裂缝两侧道路地基时,应于地裂缝处预埋钢筋混凝土"工"形连接处理设施,在地裂缝两盘浇筑混凝土地桩,中间以钢筋连接。

d) 树根桩处理。对要求较高的建筑,宜采用树根桩处理措施,在路面裂缝两侧布置密集树根桩,通过密集钢筋将各桩体连接。

e) 植根连接处理。根据地裂缝与道路走向的关系,在路面裂缝一侧的绿化带上种植大量根系发达的树木,通过浇水调节方法,在路面裂缝另一侧形成充沛水源,通过树根将地裂缝两盘有机连接起来,利用树根的韧性,抵抗地裂缝的影响,减缓路面裂缝的产生。

f) 土体浸湿处理。首先应采用挖除、换土、强夯、挤密桩等处理措施对路面地裂缝处基础进行严格处理。对于已经出现的路面地裂缝,应采用土体浸湿处理措施。

6.3 桥梁结构设计

6.3.1 尽量避免将桥梁建在上变形区,并应采取下列结构措施以减轻地裂缝(带)的影响:

a) 应尽可能多使用相互独立的桥墩,绕过地裂缝。

b) 桥梁无法避让地裂缝时,宜与地裂缝正交,以减小地裂缝产生的扭矩。

c) 适当增加桥梁配筋和整体刚度,提高桥梁对地裂缝垂向活动和水平活动的抵抗能力。

d) 对于单独的活动性强烈的地裂缝应采用简支结构,其两端应设置可调支座,并对桥梁结构进行合理的分块。

6.3.2 对于城市立交工程,在查明场地内的隐伏地裂缝后,应在桥体的结构设计中采取如下措施:

a) 预留并合理安排变形缝的位置。

b) 加强基础的整体性或应用新型混凝土材料,如纤维混凝土,以改善桥体抗裂性能。

c) 在地裂缝可能通过桥体基础时,可在地基中设置导沟。

d) 必须跨越地裂缝的桥梁上部结构宜采用静定结构或柔性桥型。

6.4 桥墩基础设计

6.4.1 桥梁墩台位置应避开地裂缝(带)。在地裂缝影响范围内设置墩台时,应根据地裂缝的影响深度,采用加宽墩台基础,加密、加长桩基。

6.4.2 对于穿过地裂缝的铁路、公路等桥梁工程,应采取"预防为主、防治结合"的处理原则,对桥梁基础进行特殊加固处理,如采用基础补强注浆加固法、加大基础底面积法、加深基础法、树根桩法等,来增加桥梁基础的稳定性,从而保证桥梁的安全性。

7 城市轨道交通工程

7.1 一般规定

7.1.1 地铁、轻轨、有轨电车等城市轨道交通工程穿越地裂缝发育区时,应结合该类线性工程的特点、重要性和防治难度确定其危险性和设防长度。

7.1.2　地铁、轻轨、有轨电车等城市轨道交通工程穿越或跨越地裂缝时，应根据工程的规模、重要性、场地地裂缝的活动性综合考虑，采取适应地裂缝变形的设防措施。

7.1.3　在地裂缝场地修建地铁、轻轨、有轨电车等城市轨道交通的附属设施如车站、检修站等，应采取避让措施，其避让距离可参照本规范表1的规定取值。

7.1.4　对于活动性较强烈的地裂缝场地，地铁区间隧道穿越时应预留应急检修室，以应对地铁局部维修或抢修。

7.2　线路设计

7.2.1　城市轨道交通线路走向应尽量与地裂缝正交或大角度相交，避免小角度相交。

7.2.2　线路在跨越地裂缝活动地段时，应尽可能加大垂向的坡度，以预防地裂缝垂向变形形成大基坑。

7.2.3　在地裂缝活动段预置坡度的线路段应加长，防止地面垂向形变产生新的变坡点。

7.2.4　设计线路时，应根据地裂缝的影响范围、线路与地裂缝的平面位置关系，确定线路穿越地裂缝场地的纵向设防长度。

7.3　地铁隧道结构设计

7.3.1　地铁隧道穿越地裂缝时，结构上应采用分段设缝、扩大断面、预留净空、柔性接头和局部衬砌加强等措施。

7.3.2　地铁隧道穿越地裂缝时，结构防水应将结构自防水和变形缝防水相结合，宜采用较为成熟或实际应用验证可靠的防水措施。

7.3.3　地铁隧道穿越地裂缝时，衬砌结构应预留注浆孔，以保证地裂缝活动导致隧道底部脱空时可及时注浆进行加固处理。

7.3.4　地铁隧道穿越地裂缝的结构纵向设防长度与地裂缝影响范围、活动趋势及线路或隧道结构与地裂缝走向的交角有关，可按照图1和式(1)确定。同时，对于地质条件较为复杂或非构造地裂缝的场地，考虑到地质条件的不确定性和工程的重要性，地铁隧道穿越地裂缝时的结构纵向设防长度需要经专题研究确定。

$$L=\alpha(L_1+L_2)=\alpha\left(\frac{D_1}{\sin\theta}+\frac{D_2}{\sin\theta}\right)=\alpha D/\sin\theta \quad \cdots\cdots (1)$$

式中：

L——结构纵向设防长度，单位为米(m)；

L_1——位于上盘的结构纵向设防长度，单位为米(m)；

L_2——位于下盘的结构纵向设防长度，单位为米(m)；

D——地裂缝影响范围，单位为米(m)；

D_1——地裂缝上盘影响区长度，单位为米(m)；

D_2——地裂缝下盘影响区长度，单位为米(m)；

θ——结构与地裂缝(走向)的夹角，单位为度(°)；

α——地裂缝影响范围结构设防安全系数，与地裂缝活动程度及趋势有关($\geqslant 1$)，具体取值根据工程重要性和地裂缝活动强烈程度综合考虑。

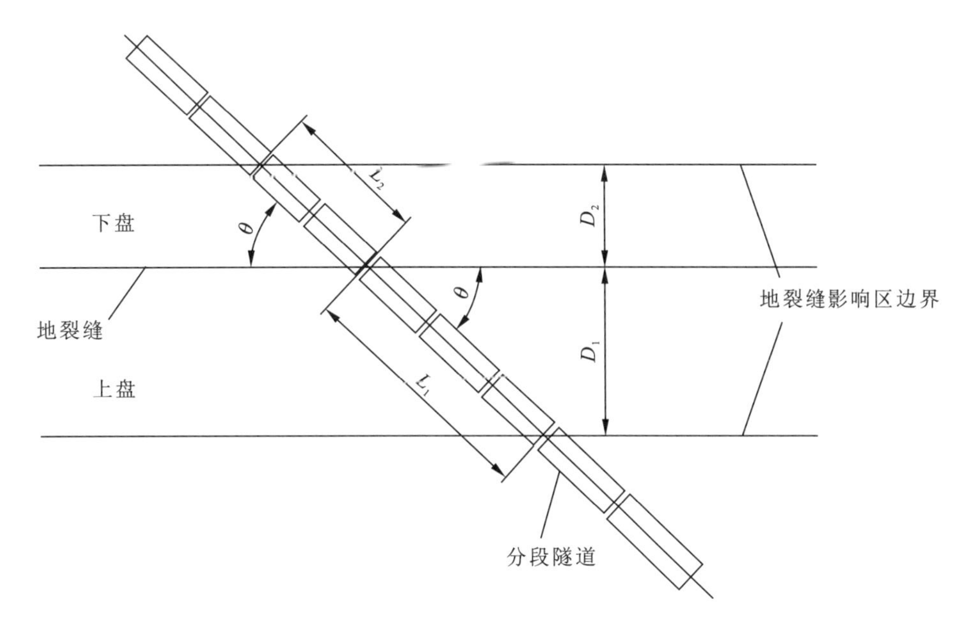

图 1　地铁分段隧道穿越地裂缝结构纵向设防长度计算简图

7.3.5　地铁隧道穿越地裂缝时，衬砌结构分段设缝应符合下列要求：

a)　斜交角度 $\theta \leqslant 45°$ 时，采用对缝式设缝模式，跨地裂缝(带)隧道段长度取 15 m，即图 2 中 L_{1-1} 和 L_{2-1} 均取 15 m；

b)　斜交角度 $\theta > 45°$ 时，采用骑缝式或悬臂式设缝模式，跨地裂缝(带)隧道段长度取 20 m，即图 3 中 L_{2-1} 取 20 m；

c)　其他位于地裂缝的主变形区的分段隧道长度取 10 m，微变形区分段隧道长度取 15 m～20 m 均可。

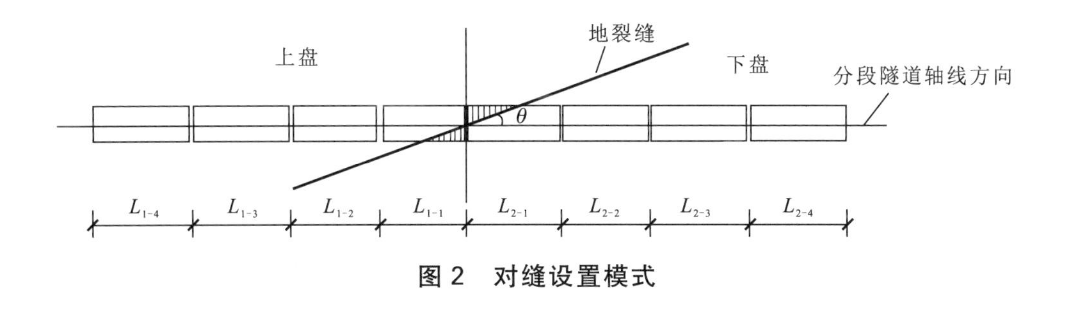

图 2　对缝设置模式

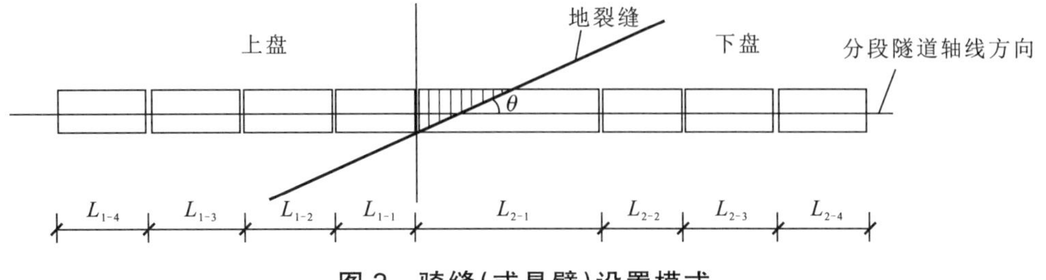

图 3　骑缝(或悬臂)设置模式

7.3.6 地铁隧道穿越地裂缝时，结构上采取分段形式，其接头构造应满足下列要求：

a） 在地裂缝影响范围内的隧道，其衬砌结构应采用分段设计、柔性接头连接处理(附录 B)，同时预留变形缝以适应地裂缝的变形。

b） 适应大变形的结构接缝防水方案应保证结构发生变形时能够保持防水的效果。

7.3.7 地铁隧道穿越地裂缝时，由于地裂缝与地铁隧道存在空间位置关系，地裂缝活动会导致分段设计的隧道结构产生三向变形(图 4)。为了保证隧道结构运营安全性，隧道结构设计应预留一定的净空量。预留净空量的确定应满足以下要求：

a） 地铁隧道正交穿越地裂缝时，地裂缝影响范围内分段隧道断面预留净空量可按照地铁设计使用期内地裂缝最大垂直位错量确定。

b） 地铁隧道斜交穿越地裂缝时，地裂缝影响范围内分段隧道断面预留净空量可按照图 4、图 5 中的三维空间抗裂预留位移量确定，其中隧道水平(横向)净空预留量 $a'b$ 和轴向净空预留量 ob 可分别按照式(2)和式(3)计算求得。

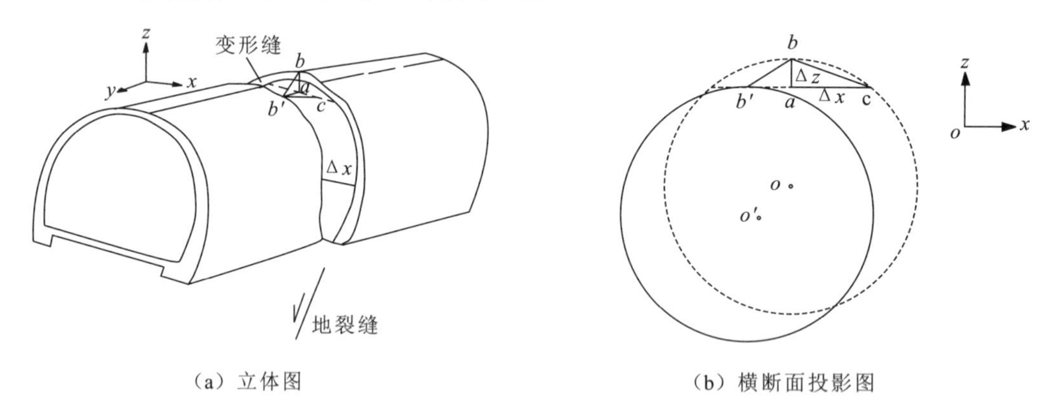

（a）立体图　　（b）横断面投影图

图 4 地裂缝错动作用下分段隧道三向变形示意图

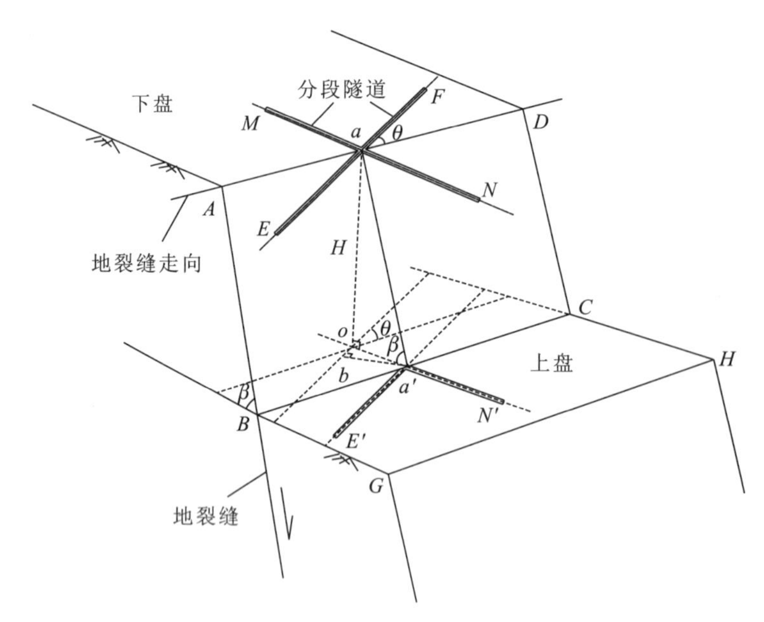

图 5 分段式隧道与地裂缝相交运动位移模式图

$$a'b = oa' \cdot \sin(90^\circ - \theta) = \frac{H}{\tan\beta}\cos\theta \qquad \cdots\cdots (2)$$

$$ob = oa' \cdot \cos(90^\circ - \theta) = \frac{H}{\tan\beta}\sin\theta \quad \cdots\cdots\cdots\cdots (3)$$

式中：

H——地裂缝垂直位错量，单位为米（m）；

β——地裂缝的倾角，单位为度（°）；

θ——结构与地裂缝（走向）的夹角，单位为度（°）。

7.3.8 地铁隧道穿越地裂缝时，隧道衬砌结构配筋设计宜采用双层衬砌或复合式衬砌局部（主要为接头部位）加强，同时应加强结构配筋，以确保结构强度。

7.3.9 地铁隧道穿越地裂缝时，应建立隧道结构和轨道的变形监测预警方案，并根据地裂缝活动程度开展必要的结构变形和地裂缝活动性监测工作，便于适时采取必要的预防措施。

7.4 高架桥跨地裂缝设计

7.4.1 轨道交通以高架桥形式跨越地裂缝时，应进行桥梁结构类型比选。

7.4.2 高架桥跨越地裂缝时，宜采取简支梁桥形式。

7.4.3 对于跨越地裂缝的高架桥，应设置可调支座，使结构变形在允许范围之内。

7.4.4 高架桥道床及轨道设计应满足地裂缝变形调整的要求。

7.4.5 跨越地裂缝及其影响范围的轨道结构方案应采用可调式框架板轨道，可调式框架板必须满足地铁设计使用期内地裂缝最大位错量的调高要求。

7.4.6 高架桥桥墩基础设计可参照本规范6.4。

8 管道(廊)工程

8.1 线路总体布置

8.1.1 设计管道（廊）工程总平面时，管道（廊）应避免跨越主地裂缝和次级地裂缝。必须穿（跨）越时，线路走向应尽量与地裂缝正交或大角度相交，避免小角度相交。

8.1.2 管道（廊）工程穿（跨）越地裂缝时，应采取可靠的设防措施，并做好沉降观测，必要时可进行调整。

8.1.3 对于穿越地裂缝场地的城市主干雨水管道、渠涵、污水管道和地下综合管廊，应进行场地地裂缝勘察，查明地裂缝位置、产状和活动性，采取如下措施进行设计：

a) 当线路走向与地裂缝走向大致平行（不相交）时，应适当调整管线位置，宜将其置于相对稳定的下盘。

b) 对于穿越地裂缝（带）的管线，应尽量采用整根管道，减少管道连接；对于不可避免的管道衔接，应设置相应的柔性接头，以避免应力集中。

c) 管道埋深应尽量浅，以减小地裂缝错动作用于管道的垂向摩擦力，增强管道适应变形的能力。

d) 对于穿越地裂缝影响范围的钢管，不应进行焊接工作，以避免产生焊缝，从而减少应力集中。

e) 在地裂缝的影响范围内，应选用动力特性一致的零部件，而旁通、变径管及阀门等部件应尽量避开地裂缝影响范围。

f) 做好管道穿过地裂缝活动带的统计调查，定期检测管道破坏程度，对已经破坏的管线及时进行补修处理。

g） 雨水管道检查井、污水管道检查井的避让距离可按三类建(构)筑物的避让距离确定。

h） 雨水泵站、污水泵站的避让距离可按二类建(构)筑物的避让距离确定。

i） 地下综合管廊穿过地裂缝影响范围时，应根据管道压力和管道材质差异采取以结构适应地裂缝的变形为主的措施。

8.1.4 地下管道(廊)跨越地裂缝时，应采取工程减灾措施，做到技术可行、经济合理，可采取以下减灾措施：

a） 外廊道隔离、内悬支座(避免直埋式)工程措施(图 6)。

b） 外廊道隔离、内支座式管道活动软接头连接工程措施(图 7)。

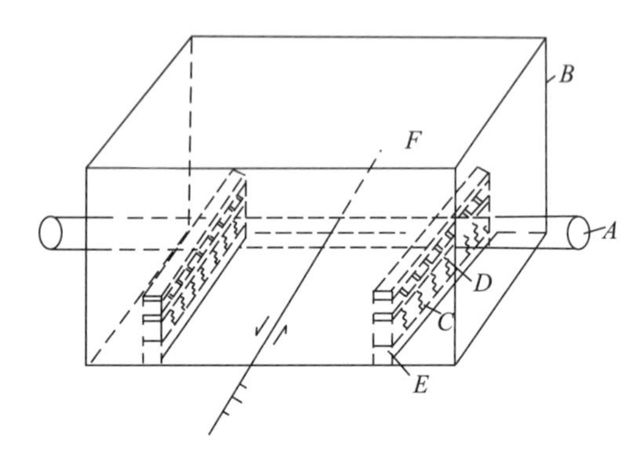

A. 管道；B. 廊道；C. 弹簧；D. 滚动轴承；E. 固定支座；F. 地裂缝。

图6 廊道内悬支座防裂工程示意图

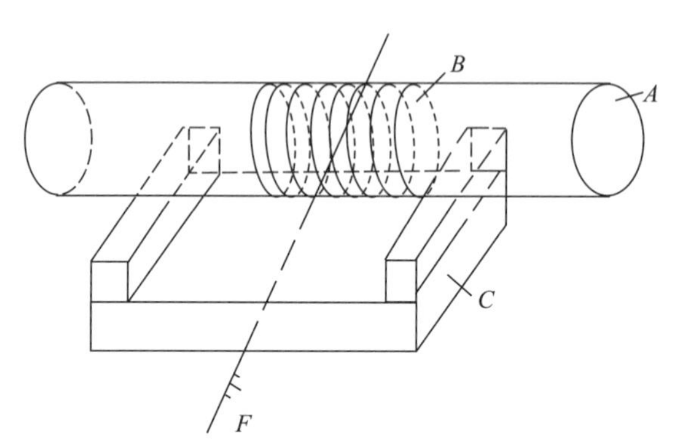

A. 管道；B. 活动软接头；C. 固定支座；F. 地裂缝。

图7 廊道内支座活接头管道示意图

8.1.5 城市天然气、煤气和热力管道穿越地裂缝时，应在地裂缝供气一侧设阀门井。供气为环网时，应在地裂缝两侧设阀门井。高、中压阀门井避让距离，可按二类建(构)筑物的避让距离确定。

8.1.6 穿越地裂缝布设城市天然气、煤气和热力门站，蓄配站和高、中压调压站的场地，应进行场地地裂缝勘察，查明地裂缝的位置、产状和活动性。门站和蓄配站工艺区的避让距离可按一类建(构)筑物的避让距离确定。高、中压调压站工艺区的避让距离可按二类建(构)筑物的避让距离确定。其他附属建(构)筑物可根据建筑分类参照本规范表 1 确定避让距离。

8.1.7 自来水管道穿越地裂缝，当管径大于 400 mm 时，应在地裂缝供水一侧设阀门井，其避让距离如下：管径大于或等于 1 000 mm，可按二类建(构)筑物的避让距离确定；管径小于 1 000 mm，可按三类建(构)筑物的避让距离确定。

8.1.8 自来水管道穿越地裂缝时，管径小于 400 mm 的管道宜选用适应变形能力强的柔性管材；管径大于或等于 400 mm 的管道宜选用可挠伸缩管，并设便于检查维修的专用管沟。

8.2 管道材料选择

8.2.1 通过地裂缝的管线，管道应采用抗变形性能强的铁管或钢管取代常用的混凝土管、陶瓷管，而管道接口宜采用橡胶及一些具有柔性的新材料。

8.2.2 通过地裂缝的城市天然气、煤气和热力管道应设便于检查、维修的专用管沟，宜选用适应变形能力强的柔性管材。

8.2.3 通过地裂缝的雨水、污水管道，宜选用管节较长、接口少的柔性管线。

8.2.4 在地裂缝影响范围内的排水管道，宜选用聚乙烯双壁波纹管(PE)或双波纹塑料螺旋管等可变形较大的管材。

8.3 管道接头设计

8.3.1 对通过地裂缝的管线，应适当提高管道材料强度，并在接头处采用橡胶等柔性材料连接。

8.3.2 对跨越地裂缝主变形区的地面管线，应用波纹管将数段管道衔接起来，管下安置高低调节架。

8.3.3 对穿越地裂缝的管线，应根据地裂缝活动速率大小，采用外廊道隔离、内悬支座或内支座式管道活动软接头的工程设施。

8.4 管道防泄漏装置设计

对于煤气、天然气和热力管道通过地裂缝处，应安装检漏装置定时监测，发现异常立即进行维修。

8.5 管道沟及地基处理

8.5.1 重要供水、污水管道穿越地裂缝时，应采用管沟铺设，上面盖盖板，中间填减震材料。

8.5.2 地面管道在跨地裂缝地段应作一些特殊处理，如做成预应力拱梁，管道置于拱顶或在管道底部铺设一定厚度的碎石垫层。

8.5.3 对埋于土体中的上、下水管道和供暖、气、油管道，应改直埋式为悬空式，采用钢筋混凝土浇成“U”字形槽沟，然后加盖掩埋，在槽沟中设置活动式支座或收缩式接头，设置弹簧支座。

8.5.4 对于柔性管道，宜将管材安放于充满粗砂的沟槽中，在距地裂缝最近的检查井设置跌水。

8.5.5 在各种线性工程穿越地裂缝的地点，应经常填平地表裂缝。

8.5.6 管道敷设时，应先对地裂缝影响范围内地基进行加固处理，强化地基整体刚度。

8.5.7 在地裂缝场地，对因地裂缝活动可能引起管道(廊)底部出现脱空的部位，设计时应考虑防脱空处理结构措施。

8.6 综合管廊结构设计

8.6.1 穿越地裂缝的地下综合管廊结构设计，一般应遵循以下规定：

a) 跨地裂缝的管廊结构应采取以结构适应地裂缝变形为主的措施，包括“分段处理、柔性接头、预留净空、局部加强、先结构后防水”等具体工程措施。

b) 加强监控量测，及时进行地基加固处理。

c) 严格禁止在综合管廊沿线一定范围内开采地下水。

d) 对于活动性强烈的地裂缝地段应预留应急检修室，便于管廊结构和管线的维(抢)修。

e) 对于燃气管道仓、热力管道仓和上、下水管道仓的结构加强和防水措施应考虑管道特点。

8.6.2 穿越地裂缝的地下综合管廊结构设计，一般应采取以下减灾措施：

a) 结构总体上应采用扩大断面、预留净空、分段设缝加柔性接头和局部衬砌加强等措施。

b) 穿越地裂缝段的管廊结构防水必须强调结构自防水和变形缝防水，建议采取可卸式拼装双层结构法和波纹板强化聚合物复合防裂止水带处理。

c) 地基基础方面宜采用地基加固和弹性变形恢复法进行处理。

d) 建立管廊结构和管道的变形监测预警方案，可适时采取或调整必要的预防措施。

e) 结构设防长度与地裂缝影响范围、活动趋势以及结构与地裂缝的交角有关。对于单舱综合管廊结构设防长度可参考本规范 7.3.4 中式(1)计算确定；对于两个舱以上的管廊结构设防长度要专题研究。考虑到管廊结构型式与隧道不完全相同，且工程实践经验还不充足，其穿越地裂缝(带)的结构设防长度需要经专题研究确定，不可直接参考隧道的设防长度。

f) 分段设缝时，应根据线路走向与地裂缝走向的夹角大小来选择“对缝式设缝模式”或“骑缝式设缝模式”，具体参考本规范 7.3.5。

8.6.3 综合管廊在设防长度范围内可参照本规范 7.3.5 分段进行类似设计，且应符合以下要求：

a) 分段长度不应大于管廊结构变形缝的最大间距，变形缝最大间距为 30 m。

b) 交角不超过 45°时，采用对缝式设缝模式，穿越地裂缝段地下综合管廊长度取 15 m，即图 2 中 L_{1-1} 和 L_{2-1} 均取 15 m。

c) 交角超过 45°时，采用骑缝式或悬臂式设缝模式，穿越地裂缝段地下综合管廊长度取 20 m，即图 3 中 L_{2-1} 取 20 m。

d) 综合管廊位于主变形区的分段长度取 10 m，位于微变形区的分段长度取 15 m～20 m。

8.6.4 地裂缝设防长度范围内管廊分段结构接头构造应满足下列要求：

a) 管廊必须采用分段结构进行设计，采用柔性接头进行处理，预留变形缝以适应地裂缝的变形。

b) 适应大变形的结构接缝防水方案：变形缝处必须采取特殊的处理方式，在结构发生变形时能够保持防水的效果。

c) 特殊变形缝处结构应采用扩大头形式，不同部位结构尺寸和形式一般不同，可根据设计需要进行选择(图 8、图 9)。

d) 特殊变形缝的防水设计应根据具体部位分别设置：

1) 底板、顶板、侧墙特殊变形缝防水应由外包防水层、加强防水层、外侧“且”形止水带、内侧“U”形止水带、环形弹性囊、多次注浆管以及其他防水涂料组成，见附图 C.1、C.2。

2) 中隔板(墙)特殊变形缝防水应由“U”形止水带和其他防水材料组成，见附图 C.3。

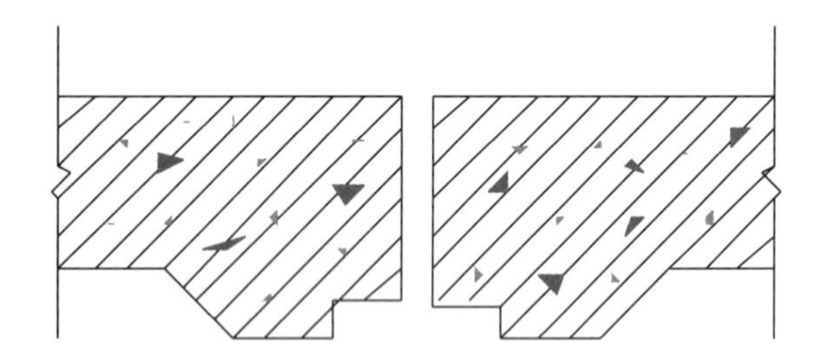

图 8 底板、顶板和侧墙特殊变形缝处结构扩大头示意

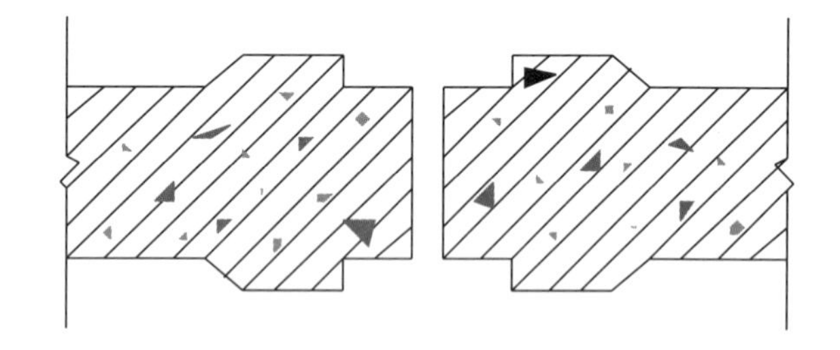

图 9 中隔板(墙)特殊变形缝处结构扩大头示意

8.6.5 管廊结构设计预留净空量和管道支架设计应考虑以下条件：

a) 管廊结构穿越地裂缝变形区，应依据预测的地裂缝百年变形量预留必要的变形空间，以便在管廊使用期内，地裂缝错动后仍能满足管廊及管道安全运营的空间需求。

b) 当管廊结构与地裂缝正交时，其断面预留净空量应根据地裂缝垂直位错量确定；当管廊结构线路与地裂缝斜交时，其断面预留净空量的计算可参考本规范 7.3.7。

c) 穿越地裂缝的地下综合管廊内部管线，应尽量选用整根管道，尽可能减少管道与管道之间的接头，对于不可避免的管道衔接，应采用柔性接头。在地裂缝影响范围内，综合管廊内部管线可通过采用橡胶等柔性管材、设置可调或可更换的支座(支架)等防治措施，以适应地裂缝活动引起的管线大变形(附录 D)。

附　录　A
（规范性附录）
地裂缝场地的工程重要性分类

表 A.1　工业与民用建(构)筑物的重要性分类

建(构)筑物类别	分类特征
特殊类	使用上对沉降变形有特殊要求，涉及国家公共安全的重大工程；因不均匀沉降变形，可能发生次生灾害，产生特别重大后果的建(构)筑物；高度大于 150 m、小于或等于 250 m 的高层建筑、高耸结构
一类	重要的工业与民用建筑，高度大于 100 m、小于或等于 150 m 的高层建筑、高耸结构；跨度大于 120 m 的大跨空间结构；跨度大于 36 m、起重量大于 100 t 的桥式吊车厂房；容易引起次生灾害的大型储水构筑物和大量用水的大型工业与民用建筑；城市燃气高、中压阀门井
二类	高度大于 24 m、小于或等于 100 m 的高层建筑、高耸结构；跨度大于 60 m、小于或等于 120 m 的大跨空间结构；跨度大于 24 m、小于或等于 36 m 且起重量大于 30 t、小于或等于 100 t 的桥式吊车厂房；容易引起次生灾害的中型储水构筑物和大量用水的中型工业与民用建筑
三类	除特殊类、一类、二类、四类以外的一般工业与民用建(构)筑物
四类	临时建(构)筑物
注：高度大于 250m 的高层建筑、高耸结构，其最小避让距离应专门研究。	

表 A.2　铁路工程的重要性分类

重要性类别	一类	二类	三类	四类
路基工程	高速铁路或客运专线路基	国铁Ⅰ级路基	国铁Ⅱ级路基	国铁Ⅲ级或Ⅳ级路基
桥梁工程	特大桥	大桥	中桥	小桥及涵洞
隧道工程	特长隧道及长隧道	中隧道	短隧道	—
注 1：表中所列特大、大、中、小桥和涵洞系按《铁路桥涵设计规范》(TB 10002—2017)中 2.1.8～2.1.12 的桥长确定。 **注 2**：表中所列特长、长、中和短隧道系按《铁路隧道设计规范》(TB 10003—2016)中 1.0.5 的隧道长度确定。				

表 A.3 公路工程的重要性分类

重要性类别	一类	二类	三类	四类
路基工程	高速公路路基	一级公路路基	二级公路路基	三级及以下公路路基
桥梁工程	特大桥	大桥	中桥	小桥及涵洞
隧道工程	特长隧道及长隧道	中隧道	短隧道	—
注 1：表中所列特大、大、中、小桥及涵洞系按《公路桥涵设计通用规范》(JTG D60—2015)中 1.0.5 的分类标准确定。 **注 2**：表中所列特长、长、中和短隧道系按《公路隧道设计规范 第一册 土建工程》(JTG 3370.1—2018)中 1.0.4 的划分标准确定。				

表 A.4 管道(廊)工程的重要性分类

重要性类别	一类	二类	三类	四类
管廊结构	干线管廊	支线管廊	缆线管廊	—
长输管道	GA1 级、GA2 级	—	—	—
公用管道（含市政管线）	GB1 级（燃气）	GB2 级（热力）	给水管道、污水管道、电力管道	再生水管道、通信管道、雨水管道
工业管道	GC1 级	GC2 级	GC3 级	—
动力管道	GD1 级	GD2 级	—	—
注：表中的分类是根据《城市综合管廊工程技术规范》(GB 50838—2015)中 4.2.4 和《特种设备生产和充装单位许可规则》(TSG 07—2019)中 E3.2.1～E3.2.7 确定。				

表 A.5 城市轨道交通工程的重要性分类

重要性类别	一类	二类	三类	四类
轨道交通工程	磁浮系统、地铁系统	轻轨系统、市域快速轨道系统	单轨系统、自动导向轨道系统	有轨电车

附　录　B
（规范性附录）
地铁分段隧道柔性防护接头

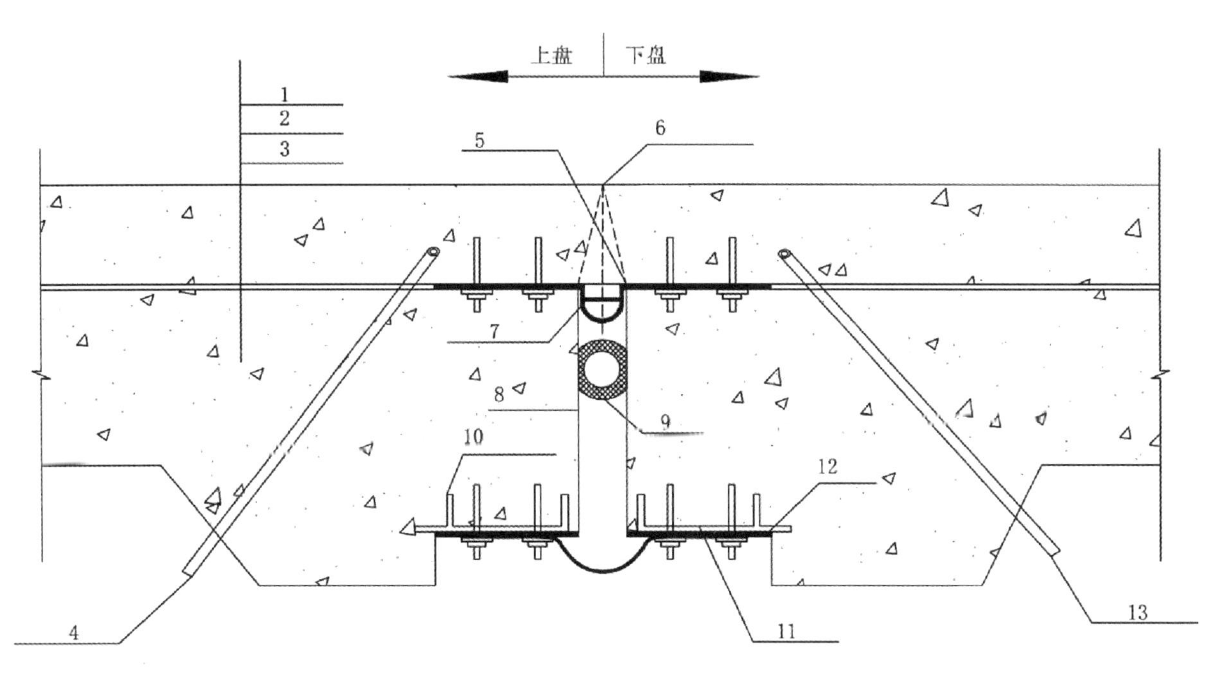

说明：
1——初期支护；
2——防水层；
3——二次衬砌；
4——预埋注浆管；
5——PE板；
6——初支接口；
7——“且”形止水带；
8——端模板；
9——可滑移止水带；
10——预埋钢筋；
11——预埋钢板；
12——防水垫；
13——注浆导管。

图 B.1　地铁分段隧道柔性防护接头示意图

附　录　C
(规范性附录)
地下综合管廊结构特殊变形缝

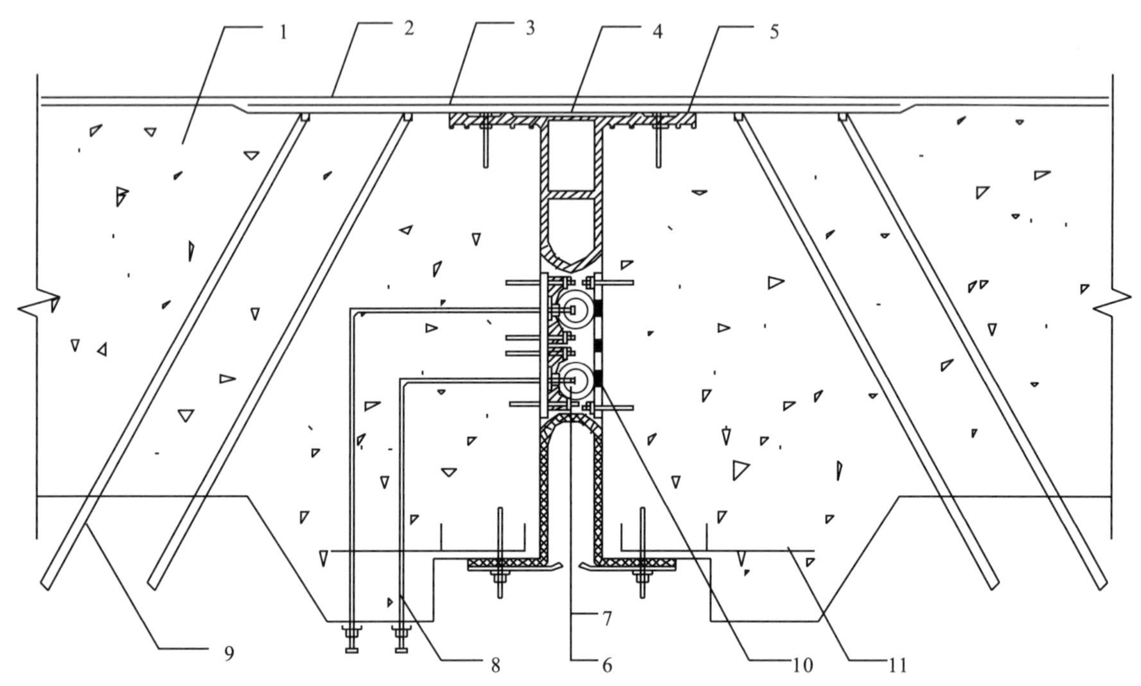

说明：

1——混凝土结构；

2——外包防水层；

3——加强防水层；

4——PE 板；

5——“且”形止水带；

6——“U”形止水带；

7——环形弹性囊；

8——进气管；

9——注浆管；

10——压力传感器；

11——辅助钢筋。

图 C.1　顶板、侧墙特殊变形缝构造示意图

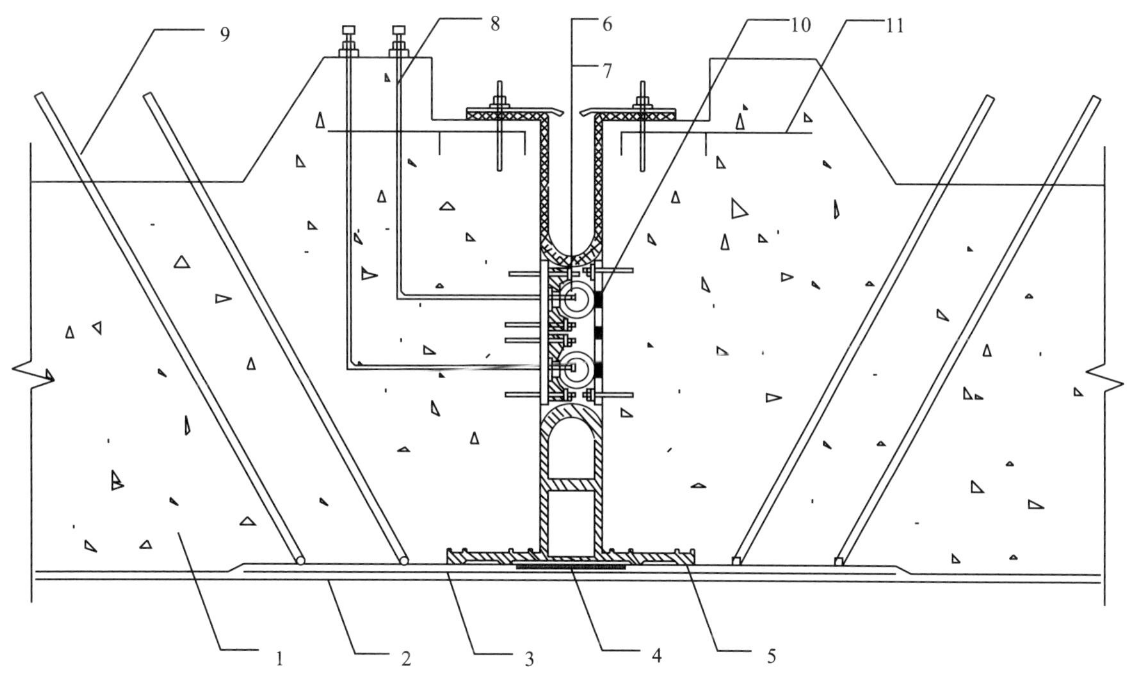

说明：

1——混凝土结构；

2——外包防水层；

3——加强防水层；

4——PE 板；

5——“且”形止水带；

6——“U”形止水带；

7——环形弹性囊；

8——进气管；

9——注浆管；

10——压力传感器；

11——辅助钢筋。

图 C.2 底板特殊变形缝构造示意图

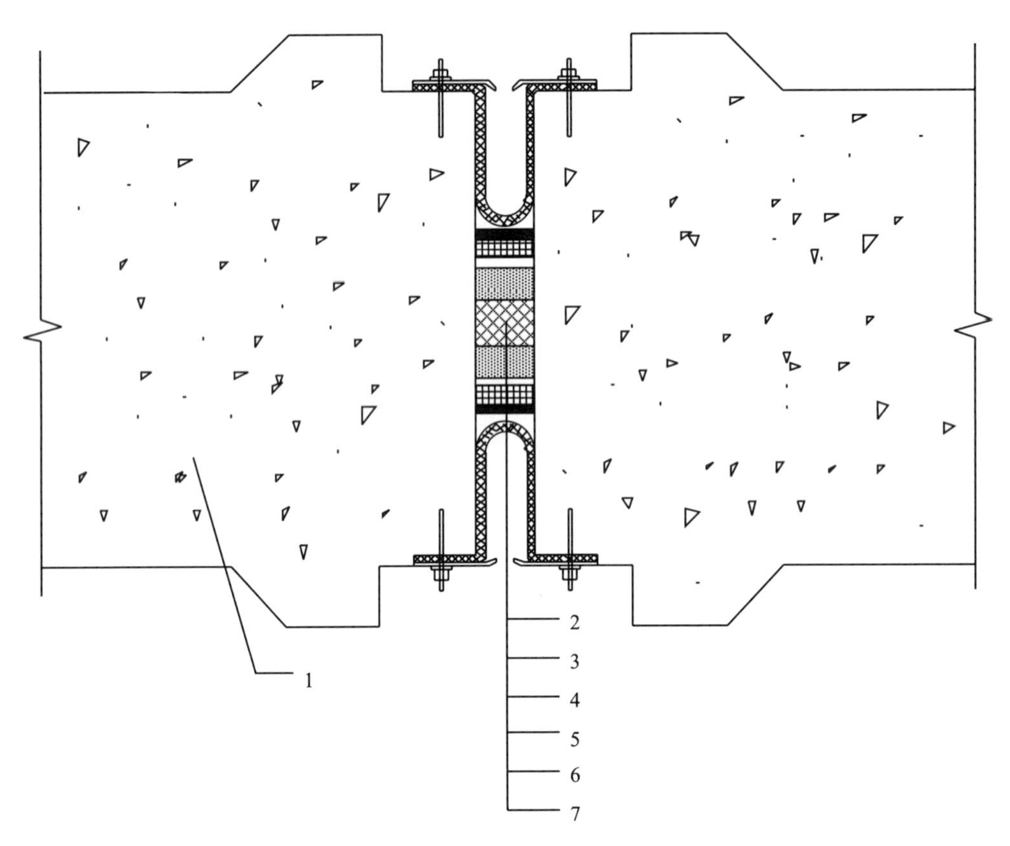

说明：

1——混凝土结构；

2——低发泡闭孔聚乙烯板；

3——PE 泡沫条；

4——牛皮纸；

5——聚硫建筑密封胶；

6——优质单组分聚氨酯防水涂料；

7——“U”形止水带。

图 C.3 中隔板(墙)特殊变形缝构造示意图

附　录　D
（资料性附录）
地下管廊内部管道自动升降支座（支架）系统

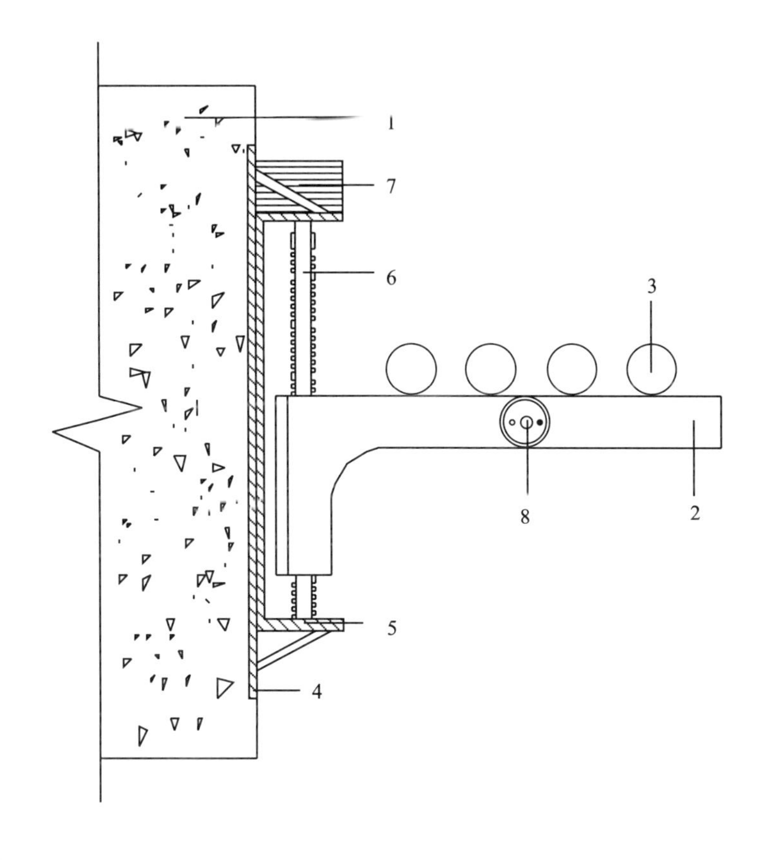

说明：

1——混凝土结构；

2——管线支座（支架）；

3——管线；

4——预埋钢板；

5——支座（支架）支撑系统；

6——调节滑杆；

7——电动机；

8——红外线控制装置。

图 D.1　地下管廊内部管道自动升降支座（支架）系统示意图